U0248566

爱上老去：从现在过得更聪明，到未来生活更美好

新时代浪漫读本

爱上老去：

从现在过得更聪明，到未来生活更美好

（美）马蒂亚斯·霍尔维希　詹妮弗·克利彻尔斯　著　潘亚薇　译

北方文艺出版社

黑版贸审字　08-2017-114号

原书名：NEW AGING

Copyright © 2016 by Matthias Hollwich and Bruce Mao Design US LLC

All rights reserved including the right of reproduction in whole
or in part in any form.

This edition published by arrangement with Penguin Books,
an imprint of Penguin Publishing Group,
a division of Penguin Random House LLC.

图书在版编目（CIP）数据

爱上老去：从现在过得更聪明，到未来生活更美好 /
(美) 马蒂亚斯·霍尔维希, (美) 詹妮弗·克利彻尔斯著;
潘亚薇译. —哈尔滨：北方文艺出版社, 2018.2
　书名原文：NEW AGING
　ISBN 978-7-5317-4050-6

　Ⅰ.①爱… Ⅱ.①马… ②詹… ③潘… Ⅲ.①老年人
—生活—基本知识 Ⅳ.①TS976.34

中国版本图书馆CIP数据核字(2017)第245465号

爱上老去：从现在过得更聪明，到未来生活更美好

作　者	[美] 马蒂亚斯·霍尔维希　[美] 詹妮弗·克利彻尔斯
译　者	潘亚薇
责任编辑	王金秋
出版发行	北方文艺出版社
地　址	哈尔滨市南岗区林兴路哈师大文化产业园D栋526室
网　址	http://www.bfwy.com
邮　编	150080
电子信箱	bfwy@bfwy.com
经　销	新华书店
印　刷	北京佳信达欣艺术印刷有限公司
开　本	880×1230　1/32
印　张	7.5
字　数	100千
版　次	2018年2月第1版
印　次	2018年2月第1次
定　价	45.00元
书　号	ISBN 978-7-5317-4050-6

作者： 马蒂亚斯·霍尔维希　詹妮弗·克利彻尔斯

设计： 布鲁斯·毛设计公司 | 网址：brucemaudesign.com
汉特·图拉、汤姆·基奥、克里斯蒂安·奥多涅斯、埃尔维拉·巴
里加、卡拉·雅克

绘图： 罗伯特·萨缪尔·汉森

致谢 本书献给芭芭拉·霍尔维希和沃尔特·霍尔维希，我的祖母欧米，外祖母莫斯和姑婆乌斯琪。感谢宾夕法尼亚大学教给学生老龄化和建筑方面的知识，罗伯特·卡塞尔为老年社区提供的工作机会。感谢马克·卡什纳，你是这个世界上最好的合作伙伴。感谢詹姆斯·罗巴克，谢谢你容忍我总是晚归，并在周末也继续写作。

目录

为什么我要写这本《爱上老去：从现在过得更聪明，到未来生活更美好》

当我迎来四十岁生日，我开始意识到，根据目前的统计数据，我已经度过了我人生的一半。出于对自己未来的好奇心，我开始研究老去的生活。我满怀兴致地研究了社会为确保我后半生充实快乐的人生提供了怎样的保障。

然而我对我所知的一切可不怎么满意。

从在宾夕法尼亚大学和我的建筑学办公室——洛韦奇库什纳建筑 (HWKN)的研究设计开始，我就让学生、教师、建筑师和研究人员对如何实现令人满意的老年生活提出新颖进步的思想。而结果出人意料的好，退休社区可能需要一个需授权才能入住的高级环境，私人疗养院可能成为健康中心，而日常使用的志愿者应用程序可以为老年人提供支持帮助。这些都是非常有远见的想法，但我们意识到，这些设计师们提出的愿景需要用几十年的时间去实现，这样按部就班地一步步做下去可来不及。

这就是我为什么开始写这本《爱上老去：从现在过得更聪明，到未来生活更美好》，我把我所学到的关于老年生活以及社会、建筑和城市如何变得更好的一切都写在了这本书中，并且将具体内容分解为简单的原则和我们今天以及今后的每一天中都可以采取的行动，让我们无论作为个人还是作为一个社会整体，都能够从现在起，活得越来越聪明，生活越来越好。

马蒂亚斯·霍尔维希

现在过得更聪明
到
未来生活更美好

　　《爱上老去：从现在过得更聪明，到未来生活更美好》是一本让人开阔眼界、为我们规划未来的生活指南。

　　"规划未来"这个过程开始于对待老去采取的新态度：通过邀请朋友参与到我们的家庭圈子中来扩大我们的社交范围、不断寻找我们与周围世界相联系的新途径、保持健康良好的饮食习惯、试着少开车、从崭新的视角去看待我们的家庭（然后根据需要改造我们的生活空间），并为我们在遥远的未来保持独立性而积极寻求服务。

　　我们可以按部就班地一年一年地逐步实施这一美好蓝图。是的，在生活中我们必须克服一些障碍，尤其是当我们不断老去的时候，但是我们有机会采取一些小的、几乎是有趣的行动来消除这些障碍，甚至在它们成为问题之前。一旦这些障碍被消除了，它们不仅是从我们自己的生活中消失了，同时，这些障碍也从我们的家庭、朋友以及邻居中被消除了，这样我们所有人都可以长长久久地享受着我们想要的生活。

　　为此，我们要行动起来。

爱上老去：
从现在过得更聪明，
到未来生活更美好

1
爱上老去的过程

    想象一下与"老去"这个概念联系起来的一切——从失去自由和活力到充满无聊和厌倦——把这些统统扔出窗外。这些想法源自人们尚未破解如何幸福地老去这个"老大难题"。如果我们将对衰老的恐惧转化为对生活的赞美和感恩呢？以积极的态度面对老去是一个开始，这可以让我们好好体悟老去这一旅程中的点点滴滴。因为长寿的秘诀之一就是对生活抱持积极态度，这甚至还可以让我们活得更长久。

衰老是上天赐予我们的一个礼物，是一个让我们能够沉下心来好好总结人生智慧的时机。随着年龄的增长，我们有机会确保我们度过的每一天都是至关重要不可或缺的，我们可以过我们想要的生活。过好生命中的每一天比这世界上其他的一切都更宝贵，这也是你能给周围人的礼物，这样他们就可以通过你的幸福生活学到如何对待自己的人生。

老去是人生的礼物。

将活在当下作为一份礼物送给自己，从现在起每天至少给自己一个特别的经历：享受一顿美餐、结识一位密友、学习一些新知识，或者给自己买点东西。

我们从出生到青春期，再到青壮年，我们慢慢拥有智慧，学会冷静地思考问题，直至成熟，在这生命的每一阶段，我们都睁大眼睛看着周遭的世界，满满的都是好奇心，就像我们到异国他乡旅行一样。无论我们身处何地，都可以在自己的生命旅程中体验探险家那种拥抱未知与可能性的生活。好奇心，是引发探索和体验渴望的关键。

将生命视作美妙的旅程。

从本周起，尝试新的东西，从简单的开始，比如重新布置家中的一角，或去看看家乡陌生的风景，到更戏剧性的，比如游泳、做园艺或者观测星星。

要成熟，你需要体验冒险的感觉！把生活的改变视为奇迹，而非焦虑，就会对未来充满好奇与兴奋。年轻时，我们总会有一段轻松的时光，面对新想法充满乐观、好奇和开放的精神，但我们更应该将这种人类的天性发扬光大，贯穿于生命的每一阶段。每当你感到忧虑不安或勉为其难的时候，请记住一段崭新的体验会为你带来的那些切实改变，你会更健康，更长寿，拥有更加生机勃勃的社会环境以及更好的生活质量。

放心大胆去冒险。

　　写下你今年最想做的十件事，现在开始筹划，让梦想一个一个地实现。

9

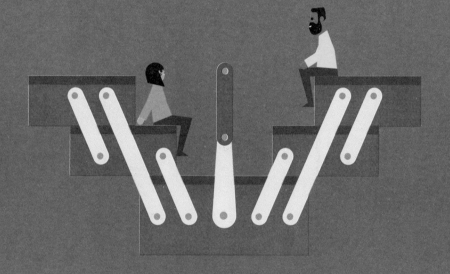

当我们在襁褓之中时，我们只知道如何吃喝。而随着时间的推移，我们的能力也随之增长，我们掌握的技能也与日骤增。有些全新的活动可以开阔我们的视野，而另一些则可能是简单重复，以加深我们对某一行为的熟练程度。还有一些虽是磨难，却给了我们成长和战胜逆境的机会。老去的岁月让我们积累了丰富的经验，而正是这些经验，定义了我们究竟是谁。

收集一套工具。

你可以列出你一生中所掌握的十个最有意义的技能，并与你的家人和朋友分享这个清单，让他们也可以学学。

还记得你第一次使用互联网的感觉吗？体会社会生活的变化，这种感觉真的很棒。参与艺术、科学和社会活动是一种殊荣，但我们同样有参与历史的机会。无论我们首先想到的是哪段历史，是争取民族独立，人民解放，还是迎接数字时代的到来，我们都能找到无数的方式与之对话并活跃于当前活动之中。

来吧，一起创造历史。

　　想想今天自己住的地区，甚至国际上发生的最有趣的事情，然后参与其中，成为焦点人物，做竞选志愿者，或是倡导在某个小镇上修建一座新的纪念碑。

我们要

平等的权利!
现在就要!

我们共同
呼吁

体面的居住权!
现在就要!

欧洲胜利日

投票!
投票!
投票!
让我们一起
创造历史!

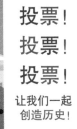

登陆月球!

13

随着年龄的增长，我们日益接近未知的领域，但是，我们应该用"先行者"这样的词来取代"衰老"这种说法。我们是将我们的人生经验和智慧推向下一个极限的先行者。我们赢得了不受限制不必犹豫去探索我们余生的自由，我们可以去做那些我们连做梦都没有想过的事情。

做一名先行者。

　　先行者，被给予开拓新天地的厚望。你身边有哪些你一直想改变的事情？现在是时候去发现、去改变了。

记住：这个世界上根本没有"老人"，有的只是几年后的你和我。我们会变老，但我们仍然是同一个人，只是我们有了更多的经验而已。我们每个人都比一分钟前的自己知道得更多。

不要歧视你自己。

永远不要叫任何人"老人"，也不要为前面的人动作有点慢而生气。渐渐慢下来是人的本性。深呼吸，时刻牢记：活在当下。

不要错过从长者身上汲取经验的机会。我们中大多数人都会经历家庭成员逐渐老去的过程，我们可以从家庭中更年长的亲人们身上学到很多关于老去的知识。帮助他们完成那些重要任务、做出重要决定不仅仅带给我们满足感，也是一种学习经历，让我们对未来自己的老去有更加成熟的生活态度。

取经，
为老去的生活做准备。

拿起电话，打给一位你所认识的最年长的人。和他谈谈，了解他对待老去的经验态度以及他是如何处理老去的每一天的。

2

做社会人

　　人，是社会性的。每个人都有人际关系的需求，需要家人、密友、同事以及熟人。健康的友谊对于我们的整体健康来说，无论是身体上还是心理上都很重要。随着年龄的增长，人际关系网变得更加重要。这是我们的安全网。保持社交能让我们投身于我们的社区，保持现有的生活状态，并邂逅新的朋友。今天，大胆说出那些构成我们的内心世界的想法，比以往任何时候都更容易。扩展你的内心空间，这是对未来的自己负责的一种投资。

家庭在人生的任何阶段都对自身的健康非常重要。在我们初生的岁月里，当我们生活在同一屋檐下时，它的重要性更加明显。虽然我们可能会因工作、组建自己的小家庭或交新朋友而搬到不同的城市或国家，但我们必须记住，亲近是让家庭成员互相照顾彼此的关键。当我们考虑老去的生活的时候，我们应该有计划地互相接近一些——调整亲人之间的距离，让每个人都能够在享受独立自主的生活时，又足够接近，以便定期互相照顾。

亲近，再亲近些。

　　找一张地图，圈出你最亲密的家人和朋友的居住地，然后考虑将来怎样和他们住得更近些。

现代生活改变了传统的家庭结构，我们认作家人的人并不一定是血亲。我们可以重新定义家庭，并通过邀请其他人加入我们的家庭圈，改变家庭原有的结构模式，而这不仅丰富我们的生活，而且增强了我们的安全感。

像家人一样对待
你最好的朋友。

　　列出三位你最好的朋友，并开始将他们视作你的兄弟姐妹。让他们融入你的新式家庭中，和他们一起庆祝节日和那些特别的时刻。

在我们的成年生活中，我们要与同事和合作者们一起度过大部分的工作日。但是我们可以与同事在工作圈子之外建立有意义的友谊，这种友谊比同事关系的维持更长久。同事可以帮助我们拓展人际关系，为我们创造一个社交"黏合剂"。由于工作关系，我们在不知不觉中与同事拥有共同的兴趣和生活方式。如果工作经验相同，目标一致，以前的同事有可能协助推动共同创业——想象一下，与我们信任的朋友一起工作，你的创新潜力将有多大。

把同事变成朋友和伙伴。

做一个计划，在本周下班后的时间与你最亲密的同事聚聚，并开始让他们融入你的核心人际圈。

我们既然已经共享同一个社区，为什么不在邻居中或者那些经常在每个周日早上出现在同一个报刊亭中的人找找新朋友呢？开始和邻居做朋友最简单的方式就是走出家门，打个招呼，并且积极参加本地的活动。一旦成为熟人，我们就可以在检查信箱的时候聊聊天，每周一起去市场采购，并向新搬来的邻居提供信息和帮助。把融入社区当作一件不断给予他人的礼物，我们会与当地的人和事更多地联系起来，并在日常生活中获得乐趣。

邂逅你的邻居。

　　下次见到你的邻居，和他交换一下电子邮件地址和电话号码，并开始定期接触，特别是当你和对方在街上碰到的时候。

我们不应该让谁是我们的邻居这件事成为一个完全的偶然事件。我们可以鼓励我们的朋友搬到附近来，并通过对当地企业和活动中心的支持来增强邻里的亲密关系，让生活变得更加朝气蓬勃。想象一下，你总能在家附近碰到自己最喜欢的人！无论是住在郊区还是公寓楼中，我们都可以积极鼓励我们的朋友搬到附近来，共同建立一个更好更紧密的社区。

让好朋友成为好邻居。

邀请你的朋友到你居住的地方来玩，告诉他这个地区所有奇妙的事情，激发对方产生搬到附近居住的想法。

还记得在大学时和其他同学共享宿舍吗？对我们来说，这是最有社会意义的生活体验。我们可以从宿舍生活中学到很多有益的知识，如共同承担生活成本、同学之间对彼此的责任感，以及这其中的乐趣，并把这些知识应用到我们未来与他人相处的生活中去。但因为我们是成年人了（所以宿舍生活的乐趣只能到此为止），我们必须考虑新的家庭成员从而使未来的生活安排更加可行；我们的房子会有多个入口、私人主卧和浴室，以及大量的社交空间，但个人特别享有的快乐生活是这种安排的关键。

一起居住者是新式室友。

　　看看你家中的布局，将来找机会和你的密友分享一下。

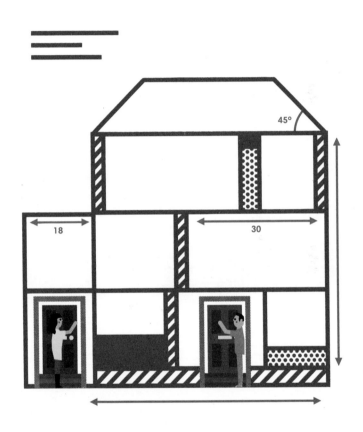

45°

18

30

拆掉我们的房子和邻居之间的围墙，可以创造一个开放的流动空间。我们可以与邻居分享我们的泳池和草坪，而作为回报，我们可以使用邻居的阳台和烧烤架。消除传统的邻里之间的障碍有助于使我们的社区更加和谐，同时让每个人都能享受到比自己单独拥有的更多的服务设施。在社区中放弃排外的独占权，人与人之间的联系将更加紧密。

打破壁垒，让我们成为更好的邻居。

　　组织一次邻里会议，让每个人都说说他们有哪些便利设施可以共享，并开始从思想上打破邻里间的壁垒，哪怕是先从共享某个东西开始。

35

36

为了让你的家充满活力，社交体验更有趣，你需要好好布置你的住处以吸引访客，同时确保他们的拜访充满乐趣。无论如何，我们应该考虑建立一些便利设施作为我们社会生活中重要的社交空间：例如一个游泳池、桑拿房、精致的厨房或者一间游戏室，都可以给普通的一天带来活力。这些便利设施，会给你和你的客人一种度假的感觉，从而鼓励大家花更多的时间待在一起。一旦住家环境怡人，我们就可以招来更多的朋友。

让你的家成为一个充满活力的俱乐部。

看看你的家，至少添一样独特又有趣的便利设施，奖励一下你自己和你的客人们。

长久以来，门廊是一个既能享有家庭的私密性，同时又能与邻居接触的地方。继承这一传统，给家里添个舒适的门廊吧。我们也可以建个新式门廊或者聚会的地方。要是住公寓，别把自己锁在屋里看电视，打开大门，邀请邻居来做客。把主街的门厅和楼前的空地当作社区交流的连接点。

把门廊当作
社交场所的前站。

　　在周末办个家庭开放日，打开你家的前门，挂上标语"欢迎来做客"，做小点心和大家分享，你会惊奇地发现你的邻居们都如此热情友好。

让朋友加入我们的活动中来，与他们分享我们的生活经验，并与之建立更紧密的联系。这样可以使他们有机会参加一个新的活动，结识新的朋友。另外，被邀请参加不同的活动也是一种很棒的感觉。

一起行动。

　　想想如何让你的日常活动变成可以与同伴共同完成的活动，打电话给你的朋友，邀请他加入其中。

用心维护友谊。不要坐在家里等着电话响，有计划地定期搞一些社交活动来增进与朋友间的感情，比如安排一个同事双周午餐，在星期六早晨与邻居一块散步，或者周末时和朋友一起做一次短途旅行。当这种做法形成规律，就不需要花很多时间去安排了。每天花五分钟的时间给我们关爱的人写封信或者打个电话，就会让我们更加牵挂彼此。

给朋友打个电话。

　　今天打电话联系三位亲友，并且做个计划这个月和他们聚一聚。

如果生活仅仅是专注于那些我们每天必须完成的工作任务，那当然是很容易的。但不要忘记生活中还有更多的事情等待我们去做，比如分享自己的生活体验。我们可以制订一个规则，比如每周至少进行两次社交活动，和朋友或家人在一起，选一个人人都喜欢的活动，如共享晚餐、购物、参观博物馆或参加体育活动。我们也可以为社交活动定出特别的日子，或者顺其自然，让朋友们自发组织。一旦我们开始让更多的人加入我们的生活圈子中，对方也会将心比心，邀请我们加入他的生活圈。

为你的社交活动做个规划。

回顾一下你每周的计划，想想如何让其他人也参与进来。使用共享的在线日历，方便大家在安排集体活动时回复信息。

8月21日

8月22日

我们可以通过培养人际交往的能力，来保持社交引擎的运转。我们的住家应该是一个在周围的公共场所我们可以有意或无意地碰到朋友或熟人的地方。

邂逅他人，
并让他人也邂逅你。

计划一下，每天到农贸市场、公园、游乐场、咖啡馆等所有可能邂逅他人的地方去散步。

数字技术已经彻底改变了我们的生活。所以在凡事需要做计划的当下，为我们的日程安排找到一个可行的方式，这对我们享受生活是至关重要的。从长期的定期约会到随机的偶尔小聚，我们都离不开日程表。传统日历现在已经很少使用。利用新的在线社交管理工具，人们可以参与各种独立的活动，不再需要长期依赖同一个社交团体。

善用你的日程表。

今天就上网，在实际生活中利用社交媒体建立面对面的交流方式。

3
永不退休

　　退休是我们这个社会最糟糕的发明之一。我们中的有些人可能已经厌倦了他们的工作，并且期待着辞职，但我们不应该等到退休再这样做。相反，我们应该主动放弃那些我们不喜欢的工作，并且开始从事那些从长远来看会让我们满意、幸福的工作。有无数的理由让我们继续工作，其中最重要的是这会帮助我们长寿。多做那些对我们有意义的工作，可以延长我们的寿命。

与其考虑退休，不如考虑兼职或做一些合同制工作。许多雇主愿意让我们发挥我们的工作能力。创建一个灵活的工作方式，独立远程办公，或采用弹性工作制，保持职场生活。在线工作平台也为兼职工作创造了新的机会。公告你所能提供的服务，看看有没有可合作的吸引人的项目。这能让你在个人专业领域继续发挥作用，并为你带来更好的工作成绩和更多的人脉机会，与此同时还能腾出时间来寻找其他可为个人带来收益的工作。

找到另一种辞职方式。

　　做一个个人优势的列表，研究那些正规企业所要求的员工技能，然后去申请这样的工作。

53

即使我们选择从现在的工作岗位上退下来，我们也可以继续前行并用我们的创造力来开创下一份事业。看看那些成功人士创业的传奇故事，从车库、起居室或街角的咖啡店开始新的事业吧。晚年开始创业让我们拥有很多优势，包括在工作领域经年累月积累大量经验和管理能力。一旦我们退休了，我们就可以自由支配时间，自由地选择有潜力的客户与合作伙伴。由于是退休后再创业，没有必须成功的压力，我们反而能够培养出独特的自我创新能力，同时，全心全意做自己喜欢的事情。

开启你的新生活。

　　给你梦想中的公司写一个演讲稿，并想想如何开始创业的第一步，之后，再将之扩展为一个商业计划。

想想那些我们在闲暇时间所做的事情，童年时被掩盖的激情，被遗忘的天赋才华，或者以前的工作能力。这其中有没有一个能被运用到慢节奏的第二职业中呢？缝纫爱好者可以在当地工艺品博览会和电商平台上开个店。一个好厨师可以开一个烹饪班，为邻居传授绝妙的30分钟晚餐做菜窍门。

把爱好变为工作。

曾经的足球明星可以报名为社区球队当裁判。即使是很简单的事情，比如喜欢孩子，也可以引导我们到日托中心做兼职工作。继续充当一名社会的贡献者吧，将一两种激情转化为实际的工作，可以为生活增添新的色彩。

列出你的兴趣爱好，想一想如何把它们转化为可行的生意：

插花

汽车维修

木工

教练

装饰

旅游

获得更大的肯定是对自己生命最大的回报。当我们为他人义务服务时，我们就与更广阔的社区联系了起来。志愿服务是一个很好的满足他人、获得认可、增强个人意志和社会归属感的方式。我们可以根据我们的兴趣和时间，通过当地的志愿者资源中心或者社交网络，找到做志愿者的机会。

付出一点，得到很多。

　　今天就选个你最喜欢的方式，在你的社区中找个地方做志愿者。

61

当我们拥有空闲的时间时，可以参与到家庭的日常生活中，如照看孙辈、照顾年长的家庭成员或者帮助做家务和跑腿。如果我们想让这些活动更像一个"真正的"工作，可以想办法做些创新：如运用高效的社交日程表安排更多的家庭活动，并帮别人省钱，与此同时我们也可以走出家门多活动活动。

在时间上做个慷慨的人。

打电话给你最亲密的家人和朋友，问问他们最需要什么样的帮助。也看看你自己的情况，确定一下你需要向别人寻求哪些帮助。

与上学期间必须去上课学习相比，仅仅出于提升自我的内在需求而去努力学习，毫无疑问会给生活带来更多的乐趣。终身学习会让我们的大脑保持活跃，并且能为我们营造出一个超越年龄和代际的学习氛围。学习新知识能让我们获得更多的工作机会，并且让我们能参与更多的志愿者活动，为社会做出更多的贡献。

永远保持好学之心。

在你生活的社区找三家你感兴趣的教育机构。很多社区学院和大学为社会人士提供旁听的机会，多去听听，看看能学到什么，并在下一学期至少报名学习一门课程。

总统离任后，他的工作才刚刚开始。对他们中的许多人来说，下一阶段的生活包括准备为总统图书馆记录他们所知道的事情并写一本书，或开展慈善工作、到大学做演讲。我们也可以记录我们的经验，让这些经验在未来发挥作用。保存个人的经验记录，不仅有益于现在和将来，而且可以成为我们与后代之间交流、经验传承的桥梁。这决定了我们自己将如何被世人所铭记，并向我们周围的人提供有价值的信息。

保护自己的经验财产。

写写博客，写写日记，拍拍家庭电影，或者也可以通过口述个人的成长史来记录自己的一生。记住，我们过去的经验和我们的未来一样重要。

当我们处于激烈竞争的生活状态时，我们往往需要依赖购买服务和产品来节约时间。而现在为省下这笔费用，我们应该重新评估哪些事情是我们在时间充足的情况下可以自己去做的。自己多动手不仅可以省更多的钱，同时可以给我们机会享受完成那些简单易行的任务所带来的满足感。

自己动手，丰衣足食。

从本周开始，试着别出去吃饭，自己在家做饭，修剪草坪，或者花上不到一天的工夫为自己的家做些小小的装饰。你会惊奇地发现，做这些事情竟会给自己带来很大的满足感。

70

用少量的资金进行投资交易，让我们能够随时了解每天发生的事情，与此同时一些聪明的投资决策还能让我们赚点钱。虽然我们上了年纪之后，在个人财务决策方面应该保守一些，但保持部分资金的活跃性能让我们直接参与到每一天的经济生活中来。做一个信息灵通的交易者意味着要经常了解各类世界新闻，而在此过程中，你作为一个公民则充分享受了知识的知情权。

做个投资人。

　　看一本商业杂志，了解一下当今业绩最好的公司。并在未来的日子里一直跟进其最新进展，利用这些知识与你的经纪人交流，做出明智的投资决策。

4

生命在于运动

　　健身，保持健康长寿，这事儿我们自己能做主。比起将来健康出了问题花钱受罪，现在培养良好的健身习惯并保持身体健康可划算多了。在这方面，环境带来的影响很大。我们要不断鼓励自己积极参与体育活动，这样就可为自己享受更多的健康快乐生活提供最有力的保障。

我们中大多数人都会去健身房健身。但事实上我们身边有很多健身方式，只是没有人将其看成"健身"而已。如逛商场时爬楼梯、在公共游泳池游泳、到当地最大的博物馆参观、骑着自行车从城市一边骑行到另一边，或者就在百货公司各个摊位前逛一逛，这都是在"健身"。你也可以把每次出门变换地点都视为一个微型的健身机会，如将车停在离目的地稍远的地方，然后步行过去；或者坐公交车时提前几站下车。

随时随地，锻炼身体。

从本周起的每一天，使用计步器给自己定个目标，积极开动脑筋，在你的社区中寻找隐藏的点滴锻炼机会，积少成多很重要，每天步行15分钟，一周的步行总时间就可达到105分钟！

待在家里当然很方便，但有时候不方便会让我们的生活更加精彩，身体更健康。走出家门，与老朋友交往，结识新朋友，收获新的经验，并在这个过程中锻炼身体。请记住，每次我们离开家，我们都在进行微型锻炼，燃烧卡路里，呼吸新鲜空气。尽可能少开车，多骑自行车或者步行，这不仅绿色环保，还能让我们多多地与老朋友、新朋友相遇。

给自己一个离开家的理由。

　　看看你这个月的日程表，加一项离开家的理由：去咖啡馆喝一杯咖啡、到比赛现场看一场比赛、参观博物馆、逛商场、看电影或者去逛街。

我们住的房子里有厨房、客厅、餐厅和卧室，但可能没有一个额外的房间做健身专用。即使如此，我们仍然可以在家里"百变"出多功能锻炼空间。客厅可以成为临时瑜伽室，书房可以添加有氧运动设备，比如跑步机、动感单车或者踏步机。我们在厨房煮面条的时候可以举哑铃燃烧卡路里。在卧室里，我们可以做伸展运动、俯卧撑或者仰卧起坐。

把家变成健身房。

　　把你的家变成健身房，可以帮助你消除许多逃避锻炼的潜在借口。从本周开始，在你的日常生活中加入三种新的锻炼方式，使之和做饭、吃饭、睡觉一样成为你生活中的重要组成部分。

80

我们可以把一些休闲活动变成锻炼身体的机会。比如看电视时，可以看健身节目或者选用以健身为主题的视频游戏家庭娱乐系统。在现实生活中，可以考虑将园艺劳动作为一种增强肌肉力量的健身方式，和你家的狗玩飞碟可以增进血管的健康。你还可以选择那些非常规的运动，例如关注健康的晨间舞会或是将整个城市变成巨大的游乐场的寻宝游戏都是不错的选择。

把锻炼时间
当作游戏时间。

看看你的日程表，在某项活动的旁边加个五角星，以此为起点，改变你传统的健身方式。

不管我们参与的某项体育运动的水平如何，它都是个人积极参与社会活动的引子，同时能让我们有个固定的参加活动的时间，不会让自己感到无聊和懈怠。无论是打篮球、赛艇、骑自行车、踢足球，还是打网球，加入一个团队都能激励我们继续坚持下去。与他人一起锻炼，互相激励又有压力，可以激起我们的上进心，努力跟上队友。即使你不能去球场打球，和朋友们来场友谊赛或者和家人一起观看电视上的比赛，都能让我们保持在体育方面的社会交往活动。

从社交角度看待参与体育活动这件事。

　　打电话给你最好的朋友，和他讨论有哪些体育活动你们可以一起参加，互相提醒对方坚持体育锻炼的益处和乐趣。

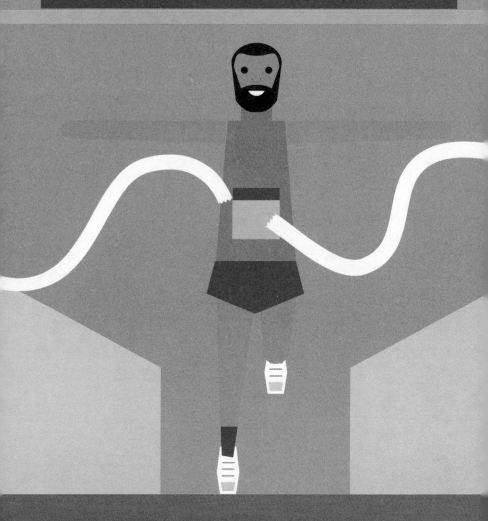

终点

无论什么年龄段，你都可以在体育运动方面让自己做得更专业。我们可以找一项最喜欢并且最擅长的活动。如高尔夫球、帆船、游泳、钓鱼、散步、骑自行车、网球等。专业化运动能使我们专注于既定目标，而这恰恰是一种给生活注入更多纪律性与规律性的方法。当然，可能在某一时间段内，成为专业运动员不太现实，但我们可以向最好的方向努力，我们的身体会告诉我们什么时候需要休息了。竞争性精神在任何时候对于任何人都是一个令人充满干劲的动力。

向专业运动员的目标努力。

选一项你最喜欢的运动，报名参加一些有助于提高其水平的运动课程，给自己定个目标能帮你坚持下去，随着时间的推移，你的运动技能自然会越发精练的。

当我们尝试一项新运动时，我们会从其带来的兴奋中获得动力。而且随着运动技能的提升，我们会逐渐养成不断尝试各种运动的习惯。随着时间的推移，我们会在不断尝试新事物中获得精神力量，并让自己的每一天都充满活力。

寻找新活动，
创造新机会。

选一个你从未参加过的体育活动，开始试试吧。

每天尝试一些新活动来保持身体活力：

参加当地的垒球俱乐部。

报个太极班。

一个月内每天都换一条新的路线散步。

加入一个校友会。

订阅
运动类杂志，
去你所在社区
新开的
健身房健身。

健身房

去健身房健身能让我们更专注于力量、柔韧性等方面的锻炼，因为健身房是做运动的专业场所。同时，健身房还为我们提供标准化的专业设备以及与别人交流的机会。不过，要办健身卡，我们得找个离家近的健身房，而且那儿给我们带来的乐趣必须比运动带来的疲劳痛苦多得多才行，这样健身才能自然而然地成为我们日常生活的一部分。

爱上健身房。

要是你还没有健身卡，最好今天就去办一张。找一家让你有归属感的俱乐部，在那里，你会收获"身心的满足感"。

无论我们做什么样的运动，和家人或朋友一起做总能让我们保持更高的积极性和活跃度。因为与健身伙伴在一起，可以互相监督、互相鼓励，共同进步。即使是一些单独的个人运动，比如跑步或者举重，如果我们在运动或者喝水休息时有家人或朋友在身边，都能鼓励我们坚持下去，尤其是在我们很繁忙或者累了想偷懒的时候。

找一个健身搭档。

翻开你的通讯录，联系你的朋友，与他们约定每周见面的时间，然后一起健身，进行体育比赛，或者仅仅是聚在一起聊天。

5

吃饭方式
决定生活方式

有很多书籍为我们提供如何摄取营养的知识，当然，阅读这些书非常有帮助。但本书则致力于帮助你有目的地戒掉零食，培养健康的饮食习惯。我们的目的是创造一些新体验，把人们团结在一起。早在人类诞生伊始，食物就已经在整个世界文化中扮演着将家庭和社区联结起来的角色，由此，我们的饮食习惯与食物以及我们彼此之间的关系变得多样化，生活也因此更丰富多彩。所谓食物，它的社会价值远远大于其各种营养成分之和。

在很多文化中，狼吞虎咽地吃下去一包薯片简直是暴殄天物。细嚼慢咽、仔细品味，这不仅能减少我们的食物摄取量，更能让我们享受用餐的乐趣。细嚼慢咽有助于我们更关注于所吃的东西，与此同时，还能让我们的身体得到适当的放松。

慢慢吃，
别心急火燎的。

一日三餐，好好坐到餐桌旁边，细嚼慢咽，用心享受。

请记住，吃饭的意义不仅仅局限于填饱肚子。吃饭的时候，根据餐厅的艺术风格，放点音乐，点上几支蜡烛，关掉电视，排除其他干扰，专心吃饭。在真正的餐桌上吃饭，为自己减压，欣赏并且享受每一口食物。

吃出格调。

　　记下你最喜欢的餐厅是什么样子的，在家中也如此享受吧。

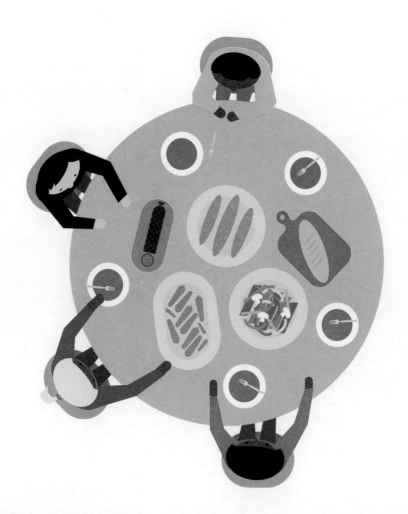

和别人一起用餐，当时的用餐情景、用餐气氛，过后总是令人回味。这也能让我们意识到我们到底消耗了多少东西。在带大厨房的正式餐厅中，朋友、家人们可以随意地选择长凳吧台或者休闲座位，一起谈天说地吃东西。请定期和朋友们一起办一些非正式的午餐聚会或晚餐聚会。

饭局与社交。

　　把餐桌安置于房间中央，并且至少配备四把餐椅；每周至少邀请你的朋友们来聚餐一次。

有时我们看了几期烹饪节目或读几本美食杂志，就觉得我们应该每天晚上做三道菜。但现实是，现代的生活节奏让人们没多少时间去购物，更不用说花一两个（甚至五个）小时的时间做餐前准备和餐后清理。你可以在回家的路上买点健康食品，如当地农场或者你家附近的杂货店，他们都可以提供农产品和肉类。你也可以上网店购买，让他们直接把食材送到你家门口。

放松，别把做饭妖魔化。

　　好的食物不会让你厌烦的，每周做一次新颖、简单、健康的美食，提高你的烹饪水平。

掌握几项新的做饭小窍门，你就可以从厨房菜鸟变成初出茅庐的厨师。观看烹饪节目当然很好，但许多社区中心，甚至当地商场的烹饪店也会提供类似的新食谱，同时你在那里有机会交到新朋友。我们也可以在家装路由器，在厨房里放一个平板电脑，想学习烹饪的时候，打开烹饪视频，让大厨现场教你做饭。

向专业大厨学习烹饪。

本周做一顿美食招待你的朋友，给他们露一手，再和他们分享你新学到的烹饪知识。

每隔一段时间就去探寻一下当地餐馆有哪些美食，了解那里的厨师和服务人员，为每周的聚会或者每年的庆生订桌。支持当地餐饮文化企业，帮助提升整个社区的美食氛围。定期光顾当地的酒吧和咖啡厅，让它们成为社区交友聚会的优选场所；经常举办音乐会之类的娱乐活动，让我们在接待重要客户时也能与就餐者同乐。

构建美食网络。

　　今天就去你最喜欢的餐馆，问问他们是否可以为你和你的邻居朋友安排一张每周固定的餐桌。

6

自主活动的
可替代性

　　个人活动的方便程度是我们快乐生活的关键。我们喜欢旅行，为了满足日常需要和丰富生活体验，在生活区周围活动必不可少。但从我们未来生活的某个时刻起，我们的行动就会越来越不方便了。那时我们估计不能自己开车，甚至走路都成问题。在这种情况下，要保持与外界的联系，并保证我们的生活质量不下降，我们必须找到一种适合自己的便利的生活方式，让其发挥"人虽老了，但生活、休闲、娱乐等一样都不少"的功能。

许多人的出行都依赖着汽车，要是我们生活在步行就能满足一切生活需要的地方呢？这样我们就不需要依靠个人的驾驶能力来确保自己的生活了。在理想情况下，我们应该在步行20分钟的范围内搞定一切日常需要，并且能够在步行途中和朋友、邻居们交流。要是现在无法做到，我们可有三种选择：搬到更繁华的地方居住、权衡工作与生活并善用快递、和朋友及邻居们拼车出行以及尝试其他出行方式。很多私营公司和社区服务中心会提供共享单车以及拼车服务，而且常常会给出很优惠的折扣，甚至有时是免费的。我们也可以用步行或骑行的方式取代开车，这不仅低碳环保，还能锻炼身体。

别让汽车成为
你的必需品。

　　根据你居住的地方，看看你的车究竟是奢侈品还是必需品，试着过一周无车生活，探索一下有哪些出行方式可以让你摆脱对汽车的依赖。

大商场

当你可以和邻居或朋友一起去玩的时候，为什么要自己开车去杂货店呢？大家一起商议，安排一个专门的司机，设计一条到主要购物目的地的路线，这既照顾你的需要，同时你又能享受到团队合作的乐趣。在这个过程中，你甚至可能发现分享商品或者批量购买的方法。拼车是未来的趋势：这不仅保护环境，而且成本低廉，还能让你从开车中解脱出来，享受坐车的乐趣。

享受拼车。

和你的朋友以及邻居成立一个拼车小组，制订一个共享的拼车时间表，分配责任，并且从中享受乐趣。

电影院

有数据显示，在美国，汽车的平均使用率只有4%，但每年的使用成本则高达9000美元，这些钱我们完全可以用来买别的东西。你可以考虑使用专车司机，这样你再也不用担心开车路况或迷路了。出门前预订出租车、私家车，或者使用租车软件叫车，这对生活在城市里的人来说已是家常便饭。利用租车服务，让我们既能保有开车旅行的优势，又能奢侈地享受旅途中的乐趣。

饭局与社交。

预约某汽车公司的叫车服务，用上一周看看他们的服务和价格如何。

如果汽车可以无人驾驶，我们为什么还要开车呢？这听起来像科幻小说，但许多公司正在研究无人驾驶汽车以及其他自动化的运输方式，这会给我们的生活带来革命性的变化。举个例子，如果9000辆无人驾驶汽车可取代大城市的所有出租车，这是不是很不错呢？让我们拥抱新技术，支持相关的企业。在不久的将来，无人驾驶汽车将改变我们的生活，我们可以"不用开车，出行无忧"。

热切期盼
无人驾驶汽车。

注册支持无人驾驶汽车，了解那些会在未来几年给我们提供便利性和独立性的技术。

送货上门服务，让我们不必再舟车劳顿，就能在家中享受到各式各样的商品和服务。从网络服务到邻里食品俱乐部和社区支持的农业计划，看看有哪些可供选择的。但是请记住，走出家门仍然非常重要，不能让便利的上门服务捆绑我们的生活。

享受食物
送上门的服务。

测试一下，看看你是否能够一周不出门购物，生活仍然井井有条的。

即使我们不能外出活动，开阔的视野、令人兴奋的景观，也能让我们对城市活动产生参与感。过去也许从窗口看到的景观对我们大多数人来说都是习以为常的，但等到窗口变成我们与周围环境的唯一连接通道时可就不一样了。要构建一个令人心情愉快的视野景观，也许只需要建一些新的花坛或者雇人拆掉家里的某道墙而已。但如果没有令人满意的解决方案，我们应该考虑换房子找个新的家。记住，总有一天，我们的卧室可能是我们的主要生活空间，我们需要确保它是一个美丽的地方，能为我们提供充足的光线、新鲜的空气和漂亮的景观。

让我们在房间里也能看到更美的景观。

在你的卧室里待一天，看看做哪些改造能让你有更好的居住体验，比如增加一面新镜子、一个更大的窗户，或者重新粉刷墙，让你能从床上欣赏到更美的景观。

现如今，我们都会使用通信软件，但如果我们将之变成生活的一部分，可以激发我们与亲朋好友随时联系的渴望。新技术让我们能与他人有更多的接触交流，这也为我们带来了更多、更愉快的参与感。

虚拟世界中的亲密无间。

如今，我们无须与他人在物理距离上足够接近，就能进行亲密的交流。把你的装备更新一下，换个新手机什么的，和亲朋好友用视频聊天。

7

家，是我们心灵的港湾。

　　年轻人买房子考虑得更多的是资产保值增值的问题，在固定资产买卖中，通过换房实现升值。但总有一天，我们会意识到一件非常重要的事，那就是一个家的真正价值是适合我们居住，与我们的生活方式相符，并且给我们的身心以力量。精心打造这个心灵的港湾吧，从生活细节的安排、个人物品的安置、日常活动的设计，以及自我价值感的确认，处处都马虎不得。这样，即使我们面临健康问题或者社会环境带来的挑战，家也能成为我们的坚强后盾，满足我们的需要，让我们对生活有强烈的渴望。要记住，不能因为年龄的增长，就被迫放弃自己所热爱的生活。

我们都知道应该定期和医生预约体检，同样我们也应该和建筑师定期预约为我们的家做体检。不好的家装设计如果妨碍了我们运动或者阻碍正常的日常生活，可能会影响我们的健康。建筑师能看出你的居家环境最需要解决的问题，并帮你制订相应的调整方案。

聘请建筑师
为你的家做个体检。

这个月就和建筑师预约，就像你与医生或技师预约一样，向建筑师咨询你家的状况，以确保你的家是健康的、安全的。

房子这种建筑物有时会有一种神奇的魔力，那就是带给身处其间的人平静安宁的感受。好的房间设计给居住者的感觉就像温柔的拥抱，给人一股正能量。多开些窗户，把阳光引进来，让窗外的美景与我们靠拢，在房子周围种植一些植物，或者是堆些假山石景什么的，让这些自然景观促进我们和自然环境的和谐相处。

把房子打造成真正的家。

　　找一位设计师，与他讨论布置房屋所需的材料、光线和颜色，为感动未来的自己，用心打造一个美好的居家环境。

房屋也好，庭院也好，可都是花钱买来的，而且要维护它们也得花钱。我们应该对自己家需要多大面积，以及哪些部分未来可能会成为我们的负担这些事心中有数。其实，我们并不需要三间多余的卧室、多车位车库，或者无比奢华的大厅。适当地减少不必要的面积，有利于我们更好地打理自己的家。据调查，人均55平方米的居住面积就足够了。世界上有那么多有趣的事情，把钱花在那些东西上可比用来维护家具划算多了。尽量减少在清洁、取暖和维修等方面的投入，你将能获得更多的享受。

简单的东西往往能
带来更多的享受。

统计一下，你一周内待在家里各个房间内的时间。考虑一下是否换一个小点的房子，你所需要的是住着舒心、省事，这样就足够了。

家里东西多并不会让你的生活更快乐。清理无用的东西，不仅会让你的壁橱变整洁，腾出空间，而且你还可以和亲友就此多多交流。我们还可以充分利用智能储存系统和档案盒来储存真正必不可少的东西。整理出那些对你的生活有意义，能为你带来快乐的东西，把这些有用的东西以及可作为传家宝的东西给你的家人留着，然后把其他东西捐给慈善机构。

简化生活。

　　今天就从你的壁橱中选出几件你根本不需要的东西清理掉，而且在买新东西的时候，想想你是否真的需要。

我们真的需要带园丁的花园、带救生员的游泳池吗？或者一座拥有五个房间却总有四个空着的大房子？这些只是身份的象征而已，随着时间的推移，这些东西给我们带来的可能更多的是负担而不是快乐。想想怎么用更少的维护费用享受到更多的乐趣，城市居民已经习惯于依靠公共空间来进行娱乐活动。使用公共或共享的设施进行娱乐活动，我们可以有更多的社交机会，同时又无须考虑维护这种麻烦之事。

我们不必拥有就能享受。

　　找出你在10分钟内就能走到的公园服务设施点，如社区公园、社区游泳池、图书馆等，开始使用它们。

从外面进入家门应该是简单易行的。即使是在公寓大楼或规划中的社区，你也应该确保你进家门的通道是经过精心设计、简单易行的。想想你要如何进入自己的家，是否有一个明亮干净的主要入口，你是否可以轻松地停车，并且能无障碍地把生活用品或包裹带到厨房或起居室。改善我们家的入口，能让我们的日常生活变得更方便。同时这些改善也能提高我们的家的吸引力，让前来拜访我们的客人觉得更受欢迎、宾至如归。

让进家门更简单容易。

检查你的房子，看看其对于第一次来拜访的人会留下什么印象，访客会有怎样的感受，同时提高照明条件，增加无障碍通道。

在家里安装家庭控制系统，一部智能手机就可管控家中的温度、照明、安保以及环境系统。这样家中的环境就能根据我们的需要随时调整，而且这一切都非常方便。通过远程操作，我们可以启动取暖系统，在寒冷的天气中回到家时，家里是温暖的，或者可以出门在外时远程关掉走时忘记的门灯。这些技术还能跟踪能源的消耗情况，从而帮助我们选择更合适的家用电器。

真正掌控你的家。

安装一个智能居家系统，你只需动动手指就可轻松驾驭好你的家。

每个家庭的安全系统都或多或少有需要整改的地方，增添安全设备能增加你的安全感，这是你不可或缺的一种福祉。当我们日渐老去，身体的平衡感出现问题，这些安全设备就显得尤为重要。安装扶手是解决这一问题的常用方法，如果我们将其视为一种展现审美情趣的机会，那么这些安全设施将成为有趣的设计元素，而不是笨重的设备更新。

安全居家。

　　让家装公司在楼梯、客厅和浴室等处加入富于现代感的扶手、门拉手等硬件设施，让这些安全设施的功能与你家的设计融为一体。

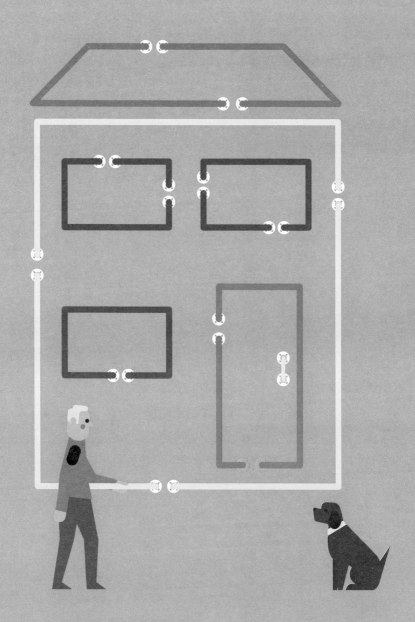

现在就给你的家做一些安全改装，防患于未然，不要等以后有人摔倒造成更大的损失。如果一块地毯人人都觉得绊脚，那就把它清除出去，任何可能带来隐患的地板材质也要清理掉。你可以把有一两级台阶的地方改造成一个平缓的斜坡，并确保家中所有关键的空间是在同一层楼，这意味着我们可以在厨房、卧室、浴室之间来回走动而不使用楼梯。楼梯是导致摔倒最危险的隐患，可能会伤及我们的身体，带来高额的医疗费用，并且削弱我们独立生活的能力。我们可以采取简单的措施来减少事故发生的概率，比如安装照明设备和楼梯两侧的扶手，确保地板防滑，采用交替的颜色使楼梯的台阶更加醒目，以免踏空绊倒。

创造一个
无障碍的活动空间。

　　把你的滚动手提箱从壁橱里拿出来，拉着它在家里转上一小时，这期间不要拎起它，检测一下你家中有哪些需要迈过的障碍。

145

拜访朋友和家人，并接待他们的来访，这是我们生活中的一件重要事情。客人住酒店当然很方便，但家中的客房更方便，这同时还减轻了客人的经济负担。我们要确保客房有足够的私密性能，最好有单独的浴室，这样你和你的访客都能享有最大限度的独立性。客房的另一个好处是，当你需要一位护理者时，它可以成为护理者的工作室。

为你的客人准备房间。

　　咨询空间规划专家，让他帮你设计一个让客人感觉宾至如归的客房。

灶台所在，家之所在。

厨房是家的心脏。作为社交和准备食物的中心，一个功能强大的厨房可以帮助你保持自己的独立性。调整你的工作台，让其有合理的高度，并让整个料理食物的过程很舒心。适当装饰厨房，确保我们在厨房内可以舒适地饮食和娱乐。

厨房备忘录

请牢记：如果厨房或者你家中的其他房间需要做出相应调整以满足如下规则，那就赶快去做，赶早不赶晚。

开放式储存间，
多功能的食品储存室。

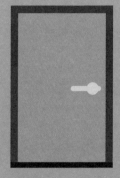

使用水平的门把手，
门廊至少 0.9 米。

灵活的储物空间，
坐下时让双腿有足够的活动空间。

采用硬质的地面，
例如木地板、瓷砖或天然石材，
使用轮椅和步行辅助器更方便。

使用单头水龙头，把水池子弄低点。

为你的厨房留出料理时来去自如的活动空间，
你至少需要为前往厨房的门厅留出 1 米宽的空间。

有拉手的橱柜和抽屉。

如果水池离灶台太远，
请在灶台边另外设计一个汤锅水龙头。

多样化的厨房工作台高度：
分别是 0.8 米、0.9 米、1 米。

别忘了重新评估你的厨房用具和设备。
就像你抛弃那些口味陈旧的调味品和已经腐败
变质的食物一样，扔掉那些不好用的设备工具，
用今天符合人体工程学的新式工具来代替。
这样可以大幅度降低厨房的杂乱程度，
让你能够轻松地在厨房料理食物。

把分类垃圾桶放在水池后面，
在水池下留出能活动双腿的地方。

设计好你的洗手间。

我们应该确保我们的家，特别是洗手间，必须满足——无论身体条件如何、无论行动是否方便，都能

够轻松地使用。这才能让
我们的家永远发挥"适合
我们自己，适合我们的家人
和朋友们"的功能。

洗手间备忘录

调整化妆镜的高度，并使用能上下转
动的镜子，使其能让坐着的人和各种
状态下的使用者都能舒适使用。

给浴缸和淋浴器安装防烫装置。

全身穿衣镜。

重新设计浴室，
使其能适用于轮椅出入。

在水池边设计不同高度的化妆镜，
留出适当的空间活动双腿。

在关键区域留出 1.5 米的回旋空间。

在厕所、淋浴间、浴缸等处
加装符合你审美的扶手。

铺设防滑地板。

给窗户、灯等安装易于操作的控制开关。

触手可及的电源和开关。

将物品放在方便使用的地方（例如
将毛巾挂在淋浴间附近）。

通往洗手间的通道至少需要 1 米宽。

浴室门使用水平把手，
或者使用滑拉门。

准备好淋浴椅或淋浴长凳。

打造合适的卧室。

星期天早上睡得好吗？我们在卧室中度过的时间要比家中的其他地方都多。如果我们不得不在床上待很长时间，那么睡觉可就不是卧室的全部意义了，我们会将卧室作为生活的中心。为了使卧室能满足生活中的各种需要，我们应该根据自己的需要重新设计卧室，以适应我们从睡眠到清醒，从生病到健康的各种生活状态，为医疗床和配套设备留出合适的空间，以备万一。确保我们的卧室宽敞，视野开阔，举目可欣赏到自然景观，拥有方便的洗手间、舒适的家具，特别需要注意的是，一定要重视天花板，要记得当我们躺着的时候，目力所及之处主要是天花板了。

卧室备忘录

在关键区域留出 1.5 米的回旋空间。

确保整间屋子都有充足的光线。

把壁橱整理得井井有条，
存放那些你常用的东西，
把分量重的东西放在底层。

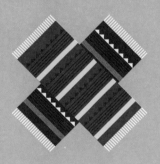

配备一张可以多角度调节的
医疗床以便居家护理。

清理进入卧室以及卧室周围的通道，
以免晚上摔倒——别用小地毯！

在床边放一部电话。

至少保证 1 米宽的环形通道。

为工作以及出入留出充足的空间，
别在这些地方放东西，
卧室的入口至少要有 1 米宽。

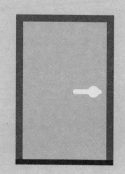

卧室的门至少要 0.9 米宽，
并使用水平门把手。

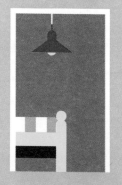

把门槛通通清除掉。

清理床周围的空间，
确保可以从三个方向都能上床。

舒适的客厅。

客厅是一个家庭展示其所有潜力的空间。在这里，我们欢聚一堂，我们放松身心，我们有更多的生活记忆。我们理应确保我们的客厅设计满足所有这些活动的需要，并且随着我们的老去，客厅也能够同步做调整。但要记得，客厅的设计要符合社会主流观念，因为这毕竟是供我们绝大多数访客欣赏、享受的地方。

客厅备忘录

清除障碍:
确保通往房间的道路畅通无阻。

清理杂物:把那些装着各种小玩意
或者堆着各类纸张的东西表面清理干净。

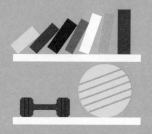

设计多功能区域:
想想这个地方能否满足在家中
健身的需要或者作为每周的读书俱乐部?
确保这种设计能让一项活动过渡到
另一项活动时灵活自然。

客厅的门至少 0.9 米宽,
并使用水平门把手。

别在买沙发上省钱，
一定要坐得舒服，
这样你和你的朋友会更喜欢这里的。

选购合适的灯：
要让客厅的灯光根据个人情绪、
功用以及时间的不同交替变换，
让客厅变化多样。

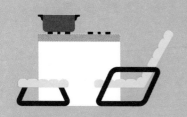

客厅要尽量离厨房近一些，这样在
做饭时就不会觉得被孤立于其他家
庭成员之外。

为工作以及出入留出充足的空间，
别在这些地方放东西，进出客厅的
空间至少要有 1 米宽。

在家工作。

回想一下我们在第3章讨论过的"永不退休",以及无论是经营一家初创企业,创建一个家庭历史档案,或与亲人保持通信,我们的家庭要如何支持我们实现这些目标。一个家庭办公室可以简单得只需另一个房间中一张像样的桌子，我们要确保工作环境符合人体工程学的一切规则（不仅是物理上的规则，同时也需要满足一定的心理上的规则），以便我们可以随时使用。

家庭工作室备忘录

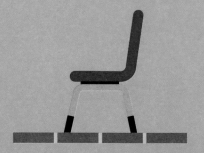

采用硬质的地面，
例如木地板、瓷砖或天然石材，
便于使用轮椅和步行辅助器。

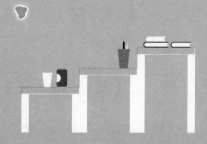

多样化的工作台高度：
分别是 0.8 米、0.9 米、1 米。

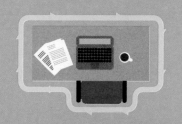

为工作以及出入留出充足的空间，
别在这些地方放东西，
办公桌周围至少要有 1 米宽的空间。

橱柜和抽屉使用拉手把手更好。

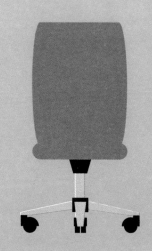

别忘了好好检查一下你的椅子，
使其尽可能让你坐得舒适。

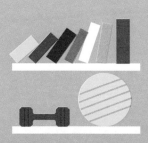

设计多功能区域：
想想这个地方能否满足在家中
健身的需要或者作为每周的读书俱乐部？
确保这种设计能让一项活动过渡到
另一项活动时灵活自然。

灵活的储物空间，
坐下时，让双腿有足够的活动空间。

使用水平门把手，
门廊至少 0.9 米宽。

8
提升服务和便利性

当我们走到生命的老年阶段时，生活会变得越来越不便，因而我们总是需要这样那样的帮助。最佳的帮助方式是让我们的生活更加便利，同时不用荒废那些我们仍然拥有的能力。我们可以通过多种途径获得帮助：雇佣服务供应商，乐于帮忙的朋友，以及各种新技术。所有这些服务不仅仅专为老年人提供——事实上所有年龄段的用户都可享受这些服务，它为我们提供更多选择，花更少的钱得到更好的客户体验。恰当的帮助，无论是市场提供的送货服务还是邻里间到健身房的便车，都能让我们的老年生活更独立。

这听起来挺棒的，不是吗？要是能请别人来帮你完成日常工作，你又何必事必躬亲呢？雇来帮忙的人既可以减少我们在家中的工作量，又能为我们的生活带来新鲜感。当然，最大的障碍是钱，因为雇佣一个人意味着要支付工资。但是，如果我们事先计划好，勇于尝试"新颖的雇佣法"，就有办法负担得起。在有些情况下，提供住房给别人住可以换来对方部分或全部的照料。这不仅对你自己有好处，也对社会经济做了贡献，因为雇佣一个人就意味着创造了一个工作机会。

请人帮忙。

和当地服务商联系，要一份服务清单，向你的邻居了解一下相关服务的标准信息，知晓雇佣服务的成本，让自己有知情权。

171

如果为自己雇佣一个帮手太过于奢侈，我们可以考虑和朋友们共同雇佣一位帮手。要是七个朋友共同雇佣一位帮手，每个人平均每周就能得到一天的帮助，这足以让我们搞定那些最棘手的家务了。与此同时，我们还能和朋友保持更多的联系。这既有利于我们通过寻求帮助摆脱丧失独立性的恐惧，又能让我们在此过程中拉近与朋友的距离。

分享帮手。

和你的朋友们讨论一下共同分享家务帮手的可能性，并制订一个如何最有效地得到帮助的计划。

雇佣帮手最经济的方式是"以助易助"——提供一种帮助来换取别人其他方面的帮助。比如有个朋友有一辆车，他可开车出去帮别人买东西，而另一个朋友做得一手好菜，可以与他人分享美食。互助是一种社会化的力量，一种社会化支撑体系，它能帮助我们适应作为社会成员自身能力的变化。

助人者人恒助之。

　　想一想你能为别人做的五件事，以此来交换别人帮你改善日常生活的五件事。

接受志愿者的帮助可以让我们收获温暖，这是一种体会别人将你置于他们自身之上的感受。但是我们也应该让帮助我们的人从中得到收获，即使是一个简单的道谢，或者与他们分享我们的人生经验，或者给予一些金钱回报，这不是钱的问题，而是一份心意。现在，人们往往把即时回报看得比承诺更重要，志愿者服务可以发挥更大的作用。

找到志愿者。

搜索你住家附近的志愿者组织，记下可能在未来为你提供帮助的志愿者的名单，如社区志愿者组织等。

助人为乐是人的一种天性，但大家又很忙。那种每周固定提供志愿服务的模式已经过时了，现在的志愿服务更多地采用订制服务，主要提供照顾或陪伴。这种新的志愿服务模式可以让我们根据自己的时间灵活安排，把你的要求告诉你的朋友们，如果你需要每月上一次医院的志愿者服务，让朋友们帮助你，并友好地提供给他们午餐或者咖啡。

志愿服务需求。

创建一个共享日程表，让你在社交网络上结交的朋友根据灵活机动的安排为你提供帮助。

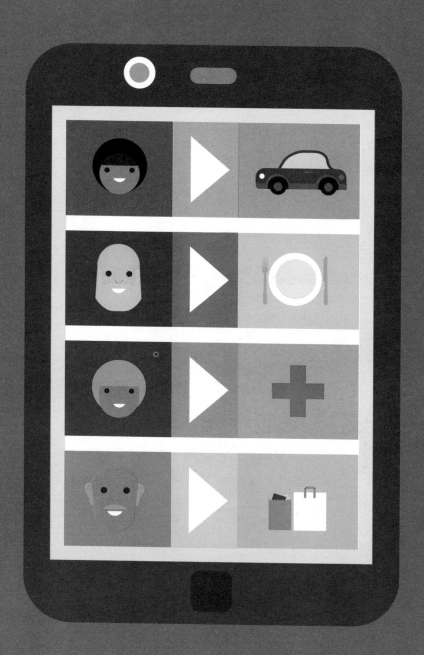

随着移动互联网和个性化服务技术的快速发展，从食品配送平台到物流配送服务再到按需家政服务，许多我们从未梦想过的服务已经成为现实。我们的智能手机已经成为协助我们管理所有可选服务的工具。许多让人兴奋的可挖掘的各种在线服务指日可待，我们所要做的是确保这些服务项目易于管理，并且可靠。

适应在线服务。

找到下列各项服务中你最喜欢的本地服务商：

1. 短期租车服务
2. 食品外卖
3. 家政服务和雇人跑腿
4. 杂工和草坪护理工
5. 提供送货服务的杂货店
6. 在线医疗保健，让你的医生提供家庭电话服务
7. 提供个性化指南的APP，帮你通过健身和冥想达到更好的健康状态

我们往往是在无意识中做了很多事，例如刷牙，洗澡，使用厕所，或穿衣服等。但轻微的身体或意识能力的变化，都可能使这些简单的日常活动成为我们的负担。虽然目前还没有一款APP可以提供这方面的服务，但还是有很多其他方法能够使任何年龄段的个人护理变得更加简单易行。首先，最重要的是，我们的家要设计得让我们行动更加方便，让所有的个人卫生和自我保健活动都能够轻松地完成（参见第7章《家，是我们心灵的港湾》）。而除此之外的帮助则可能来自我们的家人、朋友、志愿者或者护理人员。

勇于提出要求。

　　与你的家人和朋友讨论一下提供长期或短期护理帮助的可能性，一定要确保你充分知晓他们的承受能力。

183

比起烹饪，我们可能更喜欢享受美食，但自己在家做饭仍然是个经济实惠的选择，同时又能让我们吃得很健康。在理想的情况下，我们应该和家人、朋友分担烹饪和清洁的责任，把做饭当作一种社会经验。而随着年龄增长，身体老化，做饭对我们而言将是一件困难的事情，我们可以通过当地的线上餐厅，享受送货上门的美食。别再参加那些剥夺我们自主性的传统老年人膳食计划活动，我们应该自由选择我们喜欢的餐食。

邂逅美食。

多多光顾你住家周边的餐厅，并根据你的喜好收集外卖菜单。

宠物可以成为我们生活的良伴，丰富我们的日常生活。宠物还可以缓解我们的孤独感，为我们的生活增添乐趣，并且培养我们日常锻炼的习惯，不过，也要避免让照顾宠物成为我们生活的负担。如果我们确实养了宠物，就要让它们得到关怀照顾，这可能需要有人协助遛狗，我们的朋友或邻居可能愿意分担这些责任，或者我们可以带狗狗到一个大院子中，让它们有充足的玩耍时间。

照顾宠物。

　　比起自己养一条小狗，试着帮朋友遛狗可能更好，这样对你和你的朋友都是双赢。

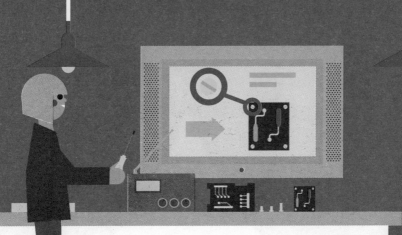

人们每天平均花六个小时看电影电视，这是我们文化的一部分。别让电视仅仅充当一种白噪音，利用它去拓展我们的见识和经验，让电视成为一种鼓舞人心、激发灵感的工具以及我们领略新鲜事物的源泉。同时，让看电视成为一种我们从未体验过的激动人心的活动。

让电视为你工作。

今天打开电视机，找一个频道，让其激发你烹调的灵感，让你有一种在一个陌生地方旅行的感受，或者带你学习新的东西。让电视真正为你服务，而不仅仅是消磨你的时间。

拥有一个自己的花园是每个人的梦想：坐在草坪上，闻着鲜花的芳香，采摘新鲜的花草蔬菜，既能给人精神享受，又能让人锻炼身体。但是，拥有一个花园也意味着大量的工作。为了分担这些工作，我们可以聘请园丁，减轻负担，减少我们必须亲自动手的工作量。有个花园很好，但未必非得有游泳池和更大的房子，在这些物质享受上，我们一定要让自己得大于失。

打造更美丽的草坪。

　　向园艺专家请教，种些容易成活、不需要投入大量精力照料的植物，以减轻你在此方面的工作负担，或者考虑分担社区花园的工作量，或者干脆搬到一个你可以享受到自己喜欢的公共花园的地方去住。

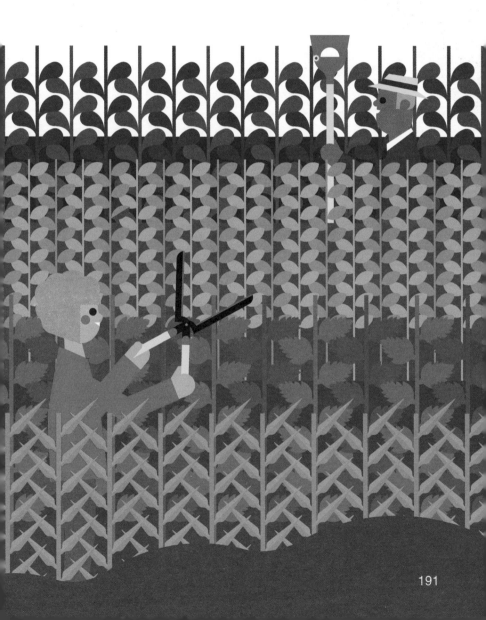

191

很多人认为请人帮忙做家务是一件很奢侈的事。但事实上，给自己的家做一次彻底的大扫除，以及日常维护干净整洁，都是既费时又费力的工作。我们可以在这方面寻求一点帮助，有各式各样的家政服务可供选择，你可以找到合适的清洁工或者寻求志愿服务来帮你大扫除、整理房间、洗衣服，或者修修补补。其实，我们应该在家事变得更难解决之前，根据专业意见好好整理自己的家，简化我们的生活，创建一个休闲的好地方，让朋友们更喜欢来拜访。

好好整理你的家。

　　整理你的壁橱，看看有哪些东西是你过去十二个月里一直没有用过的。

网上购物给消费者提供越来越多的便利。很多在线零售商以低价为我们提供生活必需品。用户的评价和筛选机制让我们能够从别人的购买体验中获得选购所需要的信息，而搜索引擎则让我们非常方便地进行价格比较和讨价还价，从而最终确定我们要购买的商品。

有时在家购物，
不过仅仅是有时。

衡量一下，哪些商品适合网购，哪些商品更适合去商店购买，以享受购物的过程。当你今天走出家门去商店购物时，不要仅仅想着买东西，而是将其视作一种社交活动，为自己设定一个目标，比如与你邂逅的人聊聊天。

与我们的同龄人保持联系和沟通是一种自然而然的本能，我们只需要积极去做就可以了。我们必须让自己始终保持这种状态，以便与周围的环境保持联系，不让自己与时代脱节。但是，并不是所有的事情都要我们亲自去做。我们可以在家中邀请人们通过视频聊天交流，这让我们即使不在一起，也能建立一种紧密的联系。但也不要忘记，身处同一房间内大家互相亲近的重要意义。

充分利用面对面
交流的时间。

　　今天就和一位朋友视频聊天，同时筹备一场聚会。

对我们大多数人来说，身体的灵活度能让我们适应各种崎岖的地形。我们能在楼梯上跑上跑下，能在泥泞的地形中前行，还能步行数千米到达目的地。我们也会依靠汽车、火车、电梯和自动扶梯等工具帮助我们移动，不过有些交通工具我们上了年纪之后就用不了了。我们要消除对轮椅之类的这些帮助我们行动的工具的歧视心态，如果我们把这些辅助工具视为生活不可缺少的一部分，还会激发工业设计师和企业家们对这些东西更具前瞻性的设计灵感。

行走，你生活中必不可少的享受。

拜访你的理疗师，看看有哪些锻炼和辅助设备能帮你享受更加灵活自由的生活。

199

智能手机和可穿戴设备确实提高了我们的生活质量，它们可以追踪我们的活动轨迹，并为我们提供营养、情感上的支持指导。它们正逐渐成为我们身体的一部分，帮助我们将真实世界与虚拟世界连接起来，并将我们对健康和环境的认识提高到新的水平。只要我们学会如何使用，它们几乎能为我们提供任何我们需要的接口和界面服务。此时此刻，我们正身处这场革命的开始，在未来几年内，用技术改善生活的机会一定会越来越多。

邂逅数字生活。

　　找个可穿戴设备使用试试，利用它追踪你的活动轨迹，并将结果分享给你的朋友。

请牢记以每天甚至每小时为单位随时提供医疗服务的各级医疗机构，这样我们就能随时在舒适的家中获得最优质的医疗服务。试着走访当地的医生、医院或者其他健康服务提供者，了解他们提供的服务。大多数医疗机构的护理站每天都有24小时值班的工作人员，打电话就能解决许多问题，还可节省去医院的费用。尽量避免把时间浪费在医院，如此当我们在其他方面需要他人帮助的时候，仍能保持自主决定的权利。

私人护理：让医疗服务走入你的家庭。

咨询你家附近的医疗保健机构，了解他们能提供哪些护理服务，安排最适合你的护理服务。

203

我们所接受的医疗护理，应该与我们的个人需要相符。当我们生病时，当然要去医院治疗，但也不要忘了，我们还可能面对一种问题，就是过度医疗。事实上，过于激进的治疗方案有时反而会缩短我们的生命，或者延长我们的住院时间，这就好像使用维生工具或者家庭护理，一旦用上就无法摆脱了。要确保医疗带给我们的利大于弊，并且最终能够提高生活质量，而非仅仅是延长生命，靠医疗设备勉强维持生命，只能延长患者的痛苦，他不会有一丝一毫的快乐。

医疗护理，过犹不及。

　　郑重写一份医疗决定书，并和你的家人就此事好好谈谈，让他们充分、准确地理解你的决定。

9

精神传承

我们每个人都终将老去，但我们并不孤独。把我们的经验传承下去至关重要，这不仅对社会有益，也让我们自身受益无穷。让我们脚踏实地，一步一个脚印地优雅老去。

我们应该与家人一起讨论未来30年中每个人的生活。谈论理想的生活地点、度假计划、紧急医疗决策和长期的生命期待，并通过在房产、金融、医疗决策等方面互相了解，知道彼此的期待。

和你的家人
彻底坦诚相待。

从现在开始，做一个计划，坦陈你自己的想法，和你的家人好好交流。

和你的家人开个家庭会议，一起讨论一下未来几十年的生活，以及你们对未来的重要决定：

居住地点

制订紧急医疗计划

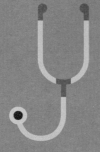

日常医疗保健安排

房地产信息

长期医疗计划

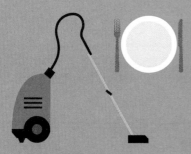

额外需要的居家服务

安葬地点

对彼岸世界的设想

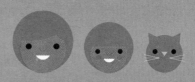

安排好孩子和宠物的生活

财务信息

临终决定

每个公司或类似组织都有一个董事会，向企业提供对未来的各种建议。董事会要求公司制订规范的计划，这样当复杂的问题出现时，才能顺利地解决。我们也可以组建自己的董事会，比如邀请四位朋友来做我们的人生顾问。就和创建公司一样，我们可以邀请这些朋友或专家来自己的工作室，为我们未来的人生设计一个理想的模型，比如在标签上写写画画、做个拼贴、设计一个标志牌或者画个草图什么的，通过各种形式交流自己的创意。我们的目标是，为今后因为我们老去可能遇到的事情（无论是家庭、健康问题还是个人的幸福生活），找到创造性的解决方案。与作为人生顾问的朋友们畅所欲言，然后将这个小组的想法汇总起来，与所有参与者共享。

像创业一样经营你的晚年。

　　召集你的人生董事会成员，一年开一次会。在这段时间里，我们可以展示我们对未来生活愿景的每一处细节，请我们的人生顾问一起权衡参谋，帮助我们走向正确的人生方向。

当我们开始领悟到年华逝去所蕴含的哲理时，可以和同龄人以及年轻人一起分享这些想法，通过传播我们领悟的知识，让年轻人了解未来生活可能面临的挑战，也可以减少人们对老人的歧视，与此同时，还能帮助我们把自己的感悟用文字记录下来。

在社交网络上分享你的感受。

通过微博、微信等社交平台，我们与他人聚在一起成为一个帮助大家享受更好生活的大集体。你可以到www.new-aging.com网站分享你的想法，并通过网络分享帮助他人，让世界更加美好。

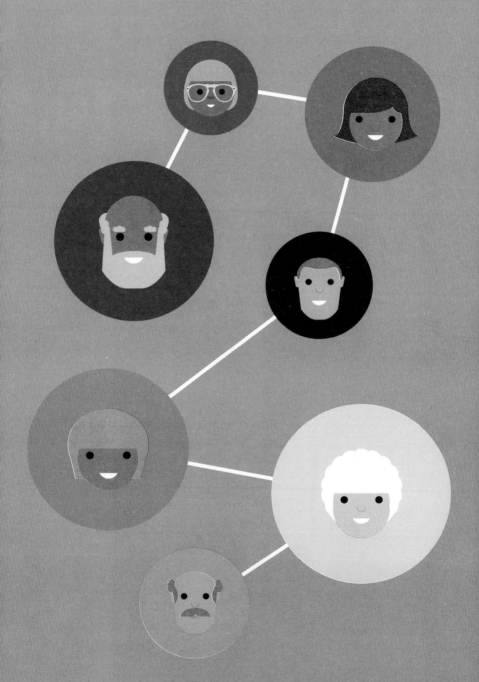

爱上老去

作者简介

马蒂亚斯·霍尔维希是前卫的纽约建筑公司HWKN（Hollwich Kushner）公司以及最大的建筑网上平台Architizer的联合创始人。

马蒂亚斯作为建筑学家及设计师，服务过的国际知名公司有雷姆·库哈斯的大都会建筑事务所（OMA）、艾森曼建筑师团队、迪勒·斯科菲迪奥及伦芙洛设计团队。马蒂亚斯的建筑设计风格独特，极富地方特色，并具有丰富的社会性表达，这确立了他在这一领域领军人物的地位，并使其成为一位不为传统规则所束缚的国际建筑师。

马蒂亚斯结合他在宾夕法尼亚大学做客座教授时的研究，以及他对如何设计建筑物和城市才能使其富有最美好的表现力的设想，开拓了怎样安享晚年的新思路，并在TEDx、PICNIC、世界卫生组织以及宾夕法尼亚大学的"爱上老去"讲堂上与大家分享他的想法。

布鲁斯·毛设计公司（BMD）是一家与世界一流组织合作的设计公司。他们的理念是：伟大的设计具有强大的转换力，可以激发人的参与感以及独立自主的意识。

他们在各个领域的客户和合作伙伴正在塑造着各自行业的未来。他们与大型国际公司、有远见的初创企业、不断发展的艺术组织、有教无类的教育机构、雄心勃勃的建筑师以及城市建设者等合作。他们的团队包括世界一流的图形设计师、建筑师、商业战略家、UX专家、作家以及具有不同背景的管理者。

本书的创造性设计整整花了五年时间，主要是探索如何改变人们对老年人生活的看法。他们与本书作者合作的项目有：不一样的老年社区，世界领先的研究型大学校区，以及新型多功能城市住宅。

布鲁斯·毛设计公司的设计师们
汉特·图拉、汤姆·基奥、克里斯蒂安·奥多涅斯、埃尔维拉·巴里加、卡拉·雅克以及罗伯特·萨缪尔·汉森

www.new-aging.com